Made in the USA
Middletown, DE
28 September 2023

39592122R00057